水果馅饼
蔬菜馅饼

方便·美味

不用发酵的馅饼

（日）星野奈奈子　著

罗展雄　王娟　赵飞　译

陕西新华出版传媒集团

陕西科学技术出版社

OKASHI NIMO, OKAZU NIMO. KANTAN OISHII KATANASHI TART

Copyright © Nitto Shoin Honsha Co., Ltd. 2016
Copyright © Nanako Hoshino 2016
Chinese translation rights in simplified characters arranged with
Nitto Shoin Honsha Co., Ltd.
through Japan UNI Agency, Inc., Tokyo

著作权合同登记号：25-2018-244

图书在版编目（CIP）数据

　不用发酵的馅饼 /（日）星野奈奈子著；罗展雄，王娟，赵飞译 . -- 西安：
陕西科学技术出版社，2019.3
　ISBN 978-7-5369-7469-2

　Ⅰ . ①不… Ⅱ . ①星… ②罗… ③王… ④赵… Ⅲ . ①面食—食谱 Ⅳ .
① TS972.132

中国版本图书馆 CIP 数据核字（2019）第 018762 号

不用发酵的馅饼

（星野奈奈子 著）

出 版 人	孙　玲
责任编辑	赵文欣　周睎雯
封面设计	曾　珂

出 版 者	陕西新华出版传媒集团　　陕西科学技术出版社
	西安市曲江新区登高路 1388 号陕西新华出版传媒产业大厦 B 座
	电话（029）81205187　传真（029）81205155　邮编 710061
	http://www.snstp.com
发 行 者	陕西新华出版传媒集团　　陕西科学技术出版社
	电话（029）81205180 81206809
印　　刷	陕西金和印务有限公司
规　　格	720mm×1000mm　16 开本
印　　张	5
字　　数	50 千字
版　　次	2019 年 3 月第 1 版
	2019 年 3 月第 1 次印刷
书　　号	ISBN 978-7-5369-7469-2
定　　价	45.00 元

序

　　不用发酵的馅饼制作起来非常方便。本书能让烘焙小白们迅速掌握馅饼的制作方法，省时省力。

　　本书所介绍的不用发酵的馅饼包括用水果、巧克力、坚果制作的水果馅饼，也包括用蔬菜、肉、蛋、奶制作的蔬菜和蛋奶馅饼。

　　不用发酵的馅饼的几大特点：

　　一，制作过程中不需要准备各种模具，不用刻意追求包裹食材的方法。馅饼烘烤后不规则的形状自然又美观，非常适合初学者。

　　二，馅饼皮的制作过程中不使用黄油，也不需要发酵，可以免去麻烦的温度控制。

　　三，1小时内就能完成从准备到烘烤的全过程。准备时间只需要15~30分钟，烘烤在30分钟之内完成。

　　四，本书还为那些不喜欢吃面食的朋友们介绍了使用米粉做成的改良馅饼皮。

　　五，便于外出携带。

　　如此简单的馅饼可以和孩子一起制作。多做几种不同类型的馅饼，再搭配上蔬菜沙拉和汤，一场简单又不失精致的聚餐就可以开始了。

　　希望您能通过各种各样的形式，享受到制作馅饼带来的快乐。

料理造型师
星野奈奈子

料理造型师。
庆应义塾大学毕业。
Atelier Etoile 主持。
在工作期间正式开始学习料理，
擅长料理造型。
辞职后专业从事料理造型，
现在为企业和杂志研发食谱。

目 录

水果馅饼

本书菜谱相关知识

※ 计量单位：1 杯 =200ml。1 大匙
=15ml。1 小匙 =5ml。

※ 烤箱为电烤箱。不同厂家的烤箱温
度和时间不同，所以烘烤时要根据
具体情况变化。

※ 鸡蛋为中等大小。

※ 微波炉功率为 600W。
根据微波炉的功率调整加热时间。

※ 烤箱请预热到规定温度。

基本工具

介绍一些制作馅饼时的常用工具。

★ ★ ★

碗

推荐适用于微波炉的耐热碗。

汤匙

为了准确测量，最好备4个小匙（上图从上到下依次为：大匙、小匙、1/2小匙、1/4小匙）

秤

用于秤量食材的电子称，最好精确到1g。

橡胶铲

在搅拌馅饼皮原料、酱料时使用。请选择具有耐热性的材质。

打蛋器

打发生奶油时使用。

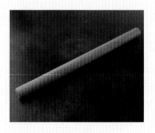

擀面杖

擀面杖能够均匀、美观地擀开馅饼皮。如果没有擀面杖，也可用手将馅饼皮展开。

烤箱纸

烘烤时，垫在烤盘上。可用锡箔纸或者油纸。

筛子

当低筋粉、糖粉等结块时，将筛子抖一下，就可使其变得细腻；粉末类不用筛。

烘焙晾架

用来晾烤好的馅饼皮。

基本材料

介绍制作馅饼时多次使用的基本材料。

★ ★ ★

低筋粉

小麦面粉的蛋白质含量在7%~9%之间，是制作蛋糕的原料之一。

糖粉

使用颗粒细、容易溶解的糖粉。根据个人口味，可以用绵砂糖、白糖、玉米白糖等来取代。尽量使用颗粒细的糖。

植物油

可以用芝麻油、菜籽油、葡萄籽油等植物油。

牛奶

使馅饼皮原料低筋粉和植物油乳化。可以用豆浆代替。

发酵粉

可以使馅饼皮蓬松。

盐

本书中用到的是口感醇厚的自然盐。

黄油（无盐黄油）

使用无盐的黄油。

米粉

使用制作点心用的细颗粒米粉。

杏仁粉

把杏仁磨粉，添加到使用黄油、米粉等原料的馅饼皮里。

基本款水果馅饼皮

用于制作水果馅饼带有甜味的馅饼皮。

材料 ⊙ 直径 16cm，1 个馅饼的材料

A	低筋粉·············	100g
	糖粉·············	2大匙
	发酵粉·············	1/4小匙
B	植物油·············	2大匙
	牛奶·············	2大匙

小贴士

- 做好的生馅饼皮，放置过久会有油渗出，应尽早烘烤。
- 可以不添加发酵粉。但是因为原料本身不够蓬松，烘焙出来的馅饼皮较硬，容易裂开。
- 糖粉颗粒细，易溶解。根据个人喜好，可以用绵砂糖、白糖、玉米糖替代。尽可能用颗粒细的糖。

1 将材料 **A** 倒入碗中搅拌（当低筋粉、糖粉结块时，要用筛子过筛）。

2 将材料 **B** 倒入另一个碗里，用叉子拌匀（使牛奶和植物油完全融合）。

3 将步骤 **2** 碗中的材料一点一点加入步骤 **1** 的碗中（用橡胶铲搅拌）。

4 等硬度达到人体耳垂硬度时，做成一个圆团（团不起来时，可以滴几滴牛奶，直至达到此硬度）。

5 把烤箱纸垫在面团下方，用擀面杖把面团擀成直径约22cm的圆饼状。

基本款蔬菜馅饼皮

用于制作蔬菜馅饼带有咸味的馅饼皮。

材料 ▷ **直径 16cm，1 个馅饼的材料**

A	低筋粉 ··············	100g
	盐 ···············	1/4小匙
	发酵粉 ·············	1/4小匙
B	植物油 ·············	2大匙
	牛奶 ··············	2大匙

- 做好的生馅饼皮，放置过久会有油渗出，应尽早烘烤。
- 可以不添加发酵粉。但因为原料本身不够蓬松，烘焙出来的馅饼皮较硬，容易裂开。

1　将材料A倒入碗中，用橡胶铲均匀搅拌（当低筋粉结块时，用筛子过筛）。

2　将材料B倒入另一个碗里，用叉子拌匀（使牛奶和植物油完全融合）。

3　将步骤2碗中的材料一点一点加入步骤1的碗中（用橡胶铲搅拌）。

4　等硬度达到人体耳垂硬度时，做成一个圆团（团不起来时，滴几滴牛奶，直至达到此硬度）。

5　把烤箱纸垫在面团下方，用擀面杖把面团擀成直径约22cm的圆饼状。

改良馅饼皮的种类

为了能够享受不同风味，
这里介绍的馅饼皮是前两种基本款
馅饼皮的改良品。

芝麻馅饼皮

P45 中
使用

	低筋粉	100g
A	炒芝麻（白）	1大匙
	糖粉	2大匙
	发酵粉	1/4小匙
B	植物油	2 大匙
	牛奶	2 大匙

可可粉馅饼皮

P36&38
中使用

	低筋粉	90g
A	可可粉	10g
	糖粉	2大匙
	发酵粉	1/4小匙
B	植物油	2 大匙
	牛奶	2 大匙

抹茶馅饼皮

P45 中
使用

	低筋粉	100g
A	抹茶粉	1/2小匙
	糖粉	2大匙
	发酵粉	1/4小匙
B	植物油	2 大匙
	牛奶	2 大匙

全麦粉馅饼皮

P72 中
使用

	低筋粉	70g
A	全麦粉	30g
	盐	1/4小匙
	发酵粉	1/4小匙
B	植物油	2 大匙
	牛奶	2 大匙

用米粉做成的馅饼皮

为不吃面食的朋友介绍这款馅饼皮。

■ 水果馅饼

材料 ⊙ 直径 16cm，1 个馅饼的材料

A	米粉	70g
	杏仁粉	30g
	发酵粉	1/4小匙
	糖粉	2大匙
B	植物油	2大匙
	牛奶（豆奶也可以）	2.5大匙

■ 蔬菜馅饼

材料 ⊙ 直径 16cm，1 个馅饼的材料

A	米粉	70g
	杏仁粉	30g
	发酵粉	1/4小匙
	盐	1/4小匙
B	糖粉	1大匙
	植物油	2大匙
	牛奶（豆奶也可以）	2.5大匙

小贴士

- 推荐使用制作点心用的米粉。
- 通过添加杏仁粉来吸收油分，使面团更容易成团。如果只用米粉，很难黏成面团，所以一定要添加杏仁粉。
- 糖粉融合在植物油、牛奶中后，和米粉一起搅拌，可以使馅饼皮光滑，更容易黏成团。
- 为了更好地融合，也可以用豆奶代替牛奶。

1 将材料*A*倒入碗中，均匀搅拌。

2 将材料*B*倒入另一个碗里，用叉子拌匀（使牛奶和植物油等完全融合）。

3 将步骤*2*碗中的材料一点一点加入步骤*1*的碗中（用橡胶铲搅拌）。

4 等硬度达到人体耳垂硬度时，做成一个圆团（团不起来时，滴几滴牛奶，直至达到此硬度）。

5 把烤箱纸垫在面团下方，用擀面杖把面团擀成直径约22cm的圆饼状。

包裹方法 ❶ 包边型

当馅饼皮上放较多馅料时，请使用此方法。

★ ★ ★

1 在馅饼皮中央放置黄油。

2 在步骤 1 上方添加馅料。

3 折叠馅饼皮的外边缘，包裹馅料。

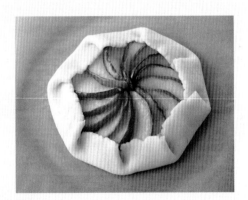

4 完成。

小贴士

● 因为不需要单独烘烤馅饼皮，所以很简单。

● 此方法用于黄油和馅料一起烘烤时使用。

包裹方法 ❷ 卷边型

此方法适用于奶油馅或者调制奶油馅。

★ ★ ★

1 从馅饼皮外侧边缘朝内侧卷圆边。

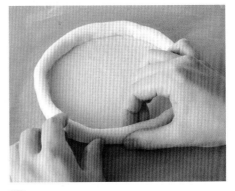

2 继续往高处卷圆边。

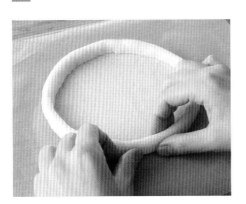

3 用手指捏紧边缘，使边缘坚固。

4 用叉子在馅饼皮中间戳通孔。

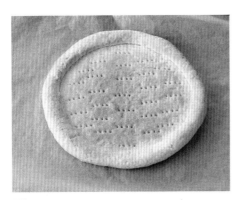

5 在180℃的烤箱中烤20分钟。

小贴士

● 需要提前烘烤馅饼皮。如果奶油也需要烘烤，可以同馅饼皮一起烘烤。

● 当馅料为生鲜水果或者奶油时，用此方法。

基本款奶油

本书中用到的黄油追求多样化。

★ ★ ★

— 杏仁黄油

水果馅饼

●材料（2个的量）

黄油（无盐）……………50g
糖粉…………………………50g
鸡蛋……………1个（净重50g）
杏仁粉………………………50g

1 将软化后的黄油放至碗中，用橡胶铲搅拌，再加入糖粉充分拌匀。

2 往鸡蛋中添加杏仁粉，分3次添加并充分拌匀。

小贴士
鸡蛋和黄油很容易分离，所以需要多次添加杏仁粉。

不使用鸡蛋、黄油时

●材料（2个的量）

杏仁粉…………………… 50g
糖粉………………………… 50g
植物油…………………3大匙

将所有材料放入碗中，充分搅拌。

蔬菜馅饼

●材料（2个的量）

黄油（无盐）……………50g
　　杏仁粉………………………50g
A　鸡蛋……………1个（净重50g）
　　盐………………………1/4小匙

1 将软化后的黄油放至碗中，用橡胶铲搅拌，再加入材料A充分拌匀。

蛋奶糊

●材料（2个的量）

牛奶……………………150ml
蛋黄……………………………1个
绵砂糖……………………2大匙
低筋粉……………………1大匙

2 在碗中放入蛋黄和绵砂糖，用打蛋器搅拌至发白，再用筛子筛入低筋粉掺和。最后一点一点加入步骤1中的牛奶，同时进行搅拌。

调制奶油

●材料（2个的量）

鸡蛋……………………………1个
生奶油……………………100ml
盐………………………………1/4小匙

碗中打入鸡蛋，加入生奶油和盐充分搅拌。

1 把牛奶倒入锅内，加热至快要沸腾。

3 把步骤2中的完成品倒入锅中，用文火加热。在火上加热2~3分钟变成糊状后，从火上取下。为了防止变干，裹紧保鲜膜后冷却。

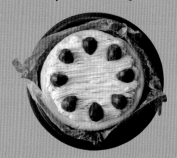

Tartes Sucrees

水果馅饼

让初次尝试的新手也能得心应手的水果馅饼制作方法。

Apple tart

苹果馅饼

水果馅饼的代表——苹果馅饼。将色泽鲜艳的红苹果摆放在馅饼上，看起来就十分美味。

材料 ⊙ 直径 16cm，1 个馅饼的量

基本款水果馅饼皮（参照P8）·······················1个
杏仁黄油（参照P14）·······························100g
苹果···1/2个（100g）
黄油（无盐）···10g

制作方法

1 清洗苹果，带皮纵向切成16等分。平底锅中加入黄油后，加热；加入苹果，使苹果两面都要烤到。大约3分钟后，苹果就会变软。

2 在馅饼皮中间涂抹杏仁黄油（图 *a*）。

3 在步骤2的基础上摆放苹果（图 *b*）。

4 将馅饼皮边朝内侧折叠，使馅饼皮包住苹果（图 *c*）。

5 把步骤4中的完成品放在烤盘上，在180℃的烤箱中烤30分钟。

小贴士

苹果推荐使用色红、带有酸味的红苹果

a

b

c

17

Berry tart

"莓"味水果馅饼

使用几种新鲜的莓类,美味,奢华,体验酸酸的感觉。

材料 ⊙ 直径 16cm,1 个馅饼的量

基本款水果馅饼皮(参考P8)·卷边型(参照P13)	1个
杏仁黄油(参照P14)	100g

	生奶油	50ml
A	绵砂糖	1/2大匙
	柠檬汁	1小匙

蛋奶糊(参照P14)	50g
草莓	10颗
覆盆子	6颗
蓝莓	10颗
糖粉	适量

制作方法

1　基本款水果馅饼皮·卷边型。从馅饼皮中央开始均匀涂抹杏仁黄油。在180℃的烤箱中烘烤20分钟,取出,放在烘焙晾架上冷却。

2　放材料*A*到碗中,用打蛋器打至打蛋器提起能拉出坚挺的角(图*a*)。加入蛋奶糊后搅拌。

3　把步骤*2*中的完成品放在步骤*1*的馅饼皮上。放上草莓、覆盆子、蓝莓(图*b*),再撒上糖粉。

小贴士

使用草莓、覆盆子、蓝莓、黑莓等喜欢的莓类。

Muscat and rare cheese tart

葡萄半熟芝士馅饼

选用切开面漂亮的葡萄铺满整个馅饼。

材料 ⊙ 直径 16cm，1 个馅饼的用料

基本款水果馅饼皮（参照P8） 卷边型（参照P13）· 烤好的馅饼皮	1个
芝士	50g
绵砂糖	1大匙
生奶油	2大匙
柠檬汁	1小匙
葡萄（无籽型）	16颗
蓝莓	10颗

制作方法

1   碗中放入芝士，用橡胶铲搅拌到光滑，加入绵砂糖后搅拌。最后加入生奶油、柠檬汁后再次搅拌。

2   在烘烤好的馅饼皮上倒入步骤1的完成品（图 *a* ），在冰箱中冷藏20分钟。

3   放上切好的葡萄和蓝莓（图 *b* ）。

小贴士

葡萄可以连皮吃，推荐使用无籽葡萄。这里使用的是玫瑰香葡萄。

a

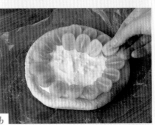

b

Fruits tart

水果什锦馅饼

色泽鲜艳的新鲜水果，涂上明胶，更显剔透、可口。

材料 ⊙ **直径 16cm，1 个馅饼的量**

基本款水果馅饼皮（参照P8）·卷边型（参照P13）························ 1个
杏仁黄油（参照P14）··100g
蛋奶糊（参照P14）··· 80g
草莓、蓝莓、葡萄、猕猴桃、橙子、葡萄柚等个人喜欢的水果········· 适量
【明胶】
水···50ml
绵砂糖··1大匙
明胶粉（加入1大匙水后，浸泡）··························· 2g

制作方法

1　基本款水果馅饼皮·卷边型。从馅饼皮中央开始均匀涂抹杏仁黄油。
　　在180℃的烤箱中烘烤20分钟，取出，放在烘焙晾架上冷却。

2　在步骤*1*的完成品上涂抹蛋奶糊（图*a*），放上自己喜欢的水果。

3　制作明胶。锅里添水和绵砂糖煮沸后关火，加入明胶粉搅拌，使其溶
　　解。待温度降到不烫手的程度，涂抹到步骤*2*中的水果上（图*b*）。

> **小贴士**
>
> 　　涂抹制作简单的明胶，可以
> 起到提升色泽的作用；涂抹在水
> 果的馅饼皮之间，还可以防止水
> 果掉落，起到黏着剂的作用。

a

b

Figs tart

无花果馅饼

无花果带皮摆放，品尝到无花果自身的香味。

材料 ⊙ **直径 16cm，1 个馅饼的量**

基本款水果馅饼皮（参照P8）·卷边型（参照P13）·
烤好的馅饼皮 ································1个
马斯卡彭芝士 ····························100g
绵砂糖 ··································2大匙
无花果 ··································2个

制作方法

1　在碗中加入马斯卡彭芝士（图 *a*）和绵砂糖后搅拌。

2　无花果竖切16等分，1个横着切成圆片。

3　在烤好的馅饼皮上放步骤1中的食材，摆放步骤2中的无花果。

小贴士

酸味很少的马斯卡彭芝士不需要起泡，比鲜奶油和蛋奶糊使用起来更方便。

a

Pear tart

洋梨馅饼

洋梨和杏仁黄油很配。生洋梨可以直接烤，制作十分方便。

材料 ⊙ 直径 16cm，1 个馅饼的量

基本款水果馅饼皮（参照P8）··································	1个
杏仁黄油（参照P14）·······································	100g
洋梨··	1/2个
杏酱··	2大匙
开心果··	适量

制作方法

1　洋梨去皮，竖切为16等分。

2　在馅饼皮中央涂抹杏仁黄油。

3　在步骤2的成品上摆放洋梨（图a）。

4　将馅饼皮朝内折叠包裹（图b）。

5　把步骤4中的完成品放在烤盘上，在180℃的烤箱中烘烤30分钟。
　　涂上杏酱，再撒上切碎的开心果。

小贴士

如果不当季，可以用梨罐头来代替洋梨。使用罐头前先用纸巾吸去多余的汁液。

a

b

Lemon tart

柠檬馅饼

柠檬的酸甜带来的清爽口感。

材料 ⊙ 直径 16cm，1 个馅饼的量

基本款水果馅饼皮（参照P8）·卷边型（参照P13）·
烤好的馅饼皮 ································1个
开心果（切碎）································1大匙
柠檬皮 ·································· 1/2个
【柠檬酱】
鸡蛋 ··································1个
绵砂糖 ································3大匙
柠檬汁 ································2大匙
黄油（无盐）································20g

制作方法

1　碗里打入鸡蛋，打散。加入绵砂糖、柠檬汁后用打蛋器搅拌。倒入锅里，一边用文火加热，一边用橡胶铲搅拌。呈黏糊状后停止加热（图 *a* ）。

2　在步骤*1*的基础上加入黄油，搅拌。

3　在烤好的馅饼皮上倒入步骤*2*的完成品（图 *b* ），撒上开心果和柠檬皮，放在冰箱冷却1小时。

小贴士

柠檬酱完全冷却后会凝固，很难倒出来，所以要趁着没有变冷时倒在馅饼皮上。

a

b

Grapefruit tart

葡萄柚水果馅饼

使用两种葡萄柚，让眼睛和舌头同时享受清凉。

材料 ⊙ **直径 16cm，1 个馅饼的量**

基本款水果馅饼皮（参照P8）···········	1个
杏仁黄油（参照P14）···········	100g
白色葡萄柚···········	1/2个
红色葡萄柚···········	1/2个

制作方法

1　葡萄柚去皮、去籽（图 *a*），用纸巾吸干表面水分。

2　从馅饼皮中央开始涂抹杏仁黄油。

3　在步骤**2**的完成品上交替摆放白色和红色的葡萄柚（图 *b*）。

4　将馅饼皮从边缘向内侧折边，包裹葡萄柚。

5　将步骤**4**的完成品放在180℃的烤箱中，烘烤30分钟。

小贴士

葡萄柚水分较多，直接放在馅饼皮上容易泡涨馅饼皮，所以使用前，先用纸巾吸去水分。

a

b

Kiwi tart

猕猴桃馅饼

猕猴桃的酸味和蛋奶糊很配。

材料 ⊙ 直径 16cm，1 个馅饼的量

基本款水果馅饼皮（参照P8）·卷边型（参照P13）⋯⋯⋯⋯1个
杏仁黄油（参照P14）⋯⋯⋯⋯⋯⋯⋯⋯⋯⋯⋯⋯⋯⋯⋯50g
蛋奶糊（参照P14）⋯⋯⋯⋯⋯⋯⋯⋯⋯⋯⋯⋯⋯⋯⋯⋯80g
绿色猕猴桃⋯⋯⋯⋯⋯⋯⋯⋯⋯⋯⋯⋯⋯⋯⋯⋯⋯⋯⋯1个
黄金猕猴桃⋯⋯⋯⋯⋯⋯⋯⋯⋯⋯⋯⋯⋯⋯⋯⋯⋯⋯⋯1个
蓝莓⋯⋯⋯⋯⋯⋯⋯⋯⋯⋯⋯⋯⋯⋯⋯⋯⋯⋯⋯⋯⋯7颗

制作方法

1　在水果馅饼皮·卷边型上均匀涂抹杏仁黄油。在180℃的烤箱中烘烤20分钟后，放在晾架上冷却。

2　猕猴桃去皮，切成5mm厚的圆形薄片。

3　在步骤1的馅饼皮上涂抹蛋奶糊（图 *a* ），摆放绿色猕猴桃和黄金猕猴桃片（图 *b* ）。

小贴士

　　使用两种猕猴桃，可以避免颜色单调，同时可以品尝两种不同酸味。

a

b

Mont Blanc tart

栗子奶油馅饼

栗子酱和水煮栗子的汇聚。

材料 ⊙ 直径 16cm，1 个馅饼的量

基本款水果馅饼皮（参照P8）·卷边型（参照P13）⋯⋯⋯⋯⋯	1个
水煮栗子⋯⋯⋯⋯⋯⋯⋯⋯⋯⋯⋯⋯⋯⋯⋯⋯⋯⋯⋯	4个

【栗子杏仁酱】

杏仁黄油（参照P14）⋯⋯⋯⋯⋯⋯⋯⋯⋯⋯⋯	50g
栗子酱⋯⋯⋯⋯⋯⋯⋯⋯⋯⋯⋯⋯⋯⋯⋯⋯⋯	30g

【栗子奶油酱】

生奶油⋯⋯⋯⋯⋯⋯⋯⋯⋯⋯⋯⋯⋯⋯⋯⋯⋯⋯	100ml
栗子酱⋯⋯⋯⋯⋯⋯⋯⋯⋯⋯⋯⋯⋯⋯⋯⋯⋯⋯	100g

制作方法

1　在杏仁黄油中加入栗子酱，并搅拌均匀。

2　在馅饼皮上均匀涂抹步骤*1*中的杏仁栗子酱。在 180℃的烤箱中烘烤20分钟，放在晾架上冷却。

3　在碗中放入生奶油后，用打蛋器打发至打蛋器提起 能拉出坚挺的角，加入栗子酱后搅拌（图*a*），装在 带有金属裱花嘴（图*b*）的裱花袋中。

4　在步骤*2*中完成的馅饼皮上裱上步骤*3*中的栗子奶 油，接着摆放上切成两半的水煮栗子。

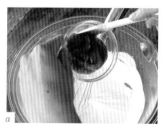

> **小贴士**
>
> 栗子味浓，光滑，和打发后 的生奶油容易混合。选择多孔裱 花嘴，制作更方便。

Pineapple and coconut tart

菠萝椰子馅饼

烘烤后的菠萝，让人感受到浓浓的南方风情。

材料 ⊙ 直径 16cm，1 个馅饼的量

基本款水果馅饼皮（参照P8）⋯⋯1个	A 杏仁粉⋯⋯⋯⋯⋯⋯⋯⋯15g
黄油（无盐）⋯⋯⋯⋯⋯25g	椰丝⋯⋯⋯⋯⋯⋯⋯⋯10g
糖粉⋯⋯⋯⋯⋯⋯⋯25g	菠萝⋯⋯⋯⋯⋯⋯⋯⋯100g
鸡蛋⋯⋯⋯⋯1/2个（净重25g）	椰丝（装饰用）⋯⋯⋯⋯⋯适量

制作方法

1 将软化的黄油放入碗中，用打蛋器搅拌，加入糖粉后充分搅拌。鸡蛋和材料*A*分3次交替加入，充分搅拌。

2 在馅饼皮的中央开始涂抹步骤*1*的完成品，把菠萝切成方便入口的大小，摆放在上面。

3 将馅饼皮朝内侧折叠包裹，撒上椰丝（图*a*）。

4 将步骤*3*的完成品放在烤盘上，在180℃的烤箱中烘烤30分钟。

a

Banana chocolate tart

香蕉巧克力馅饼

深受老人和儿童喜爱的香蕉巧克力馅饼上再撒上杏仁片，味道妙极了！

材料 ⊙ 直径 16cm，1 个馅饼的量

可可粉馅饼皮（参照P10）⋯⋯⋯1个	杏仁片（烘烤过）⋯⋯⋯⋯⋯适量
杏仁黄油（参照P14）⋯⋯⋯⋯100g	【巧克力奶油】
可可粉⋯⋯⋯⋯⋯⋯⋯1小匙	A 巧克力⋯⋯⋯⋯⋯⋯⋯20g
香蕉⋯⋯⋯⋯⋯⋯⋯2根	黄油（无盐）⋯⋯⋯⋯⋯10g

制作方法

1 碗中放入杏仁奶油，加入可可粉后充分搅拌。

2 香蕉剥皮后，斜切成1.5cm厚的片。

3 在可可粉馅饼皮的中央开始涂抹步骤*1*中的奶油，摆放步骤*2*中的香蕉（1根的量），从馅饼皮内侧开始折叠包裹。

4 将步骤*3*的完成品放在烤盘上，在180℃的烤箱中烘烤30分钟。待晾到不烫手的温度后，摆放剩下的香蕉。

5 把材料*A*放入耐高温的碗中，再把碗放入开水中使巧克力溶解。最后，浇在步骤*4*中的完成品上，撒上杏仁片。

Chocolate and orange tart

巧克力橙子馅饼

橙子果酱使甜味和酸味完美结合。

材料 ⊙ 直径 16cm，1 个馅饼的量

基本款水果馅饼皮（参照P8）·卷边型（参照P13）·
烤好的馅饼皮 ……………………………………………… 1个
橙子果酱 …………………………………………………… 2大匙
开心果（切碎）……………………………………………1大匙
橙子皮（可选用）………………………………………… 适量
【巧克力奶油】
巧克力 …………………………………………………… 50g
生奶油 ……………………………………………………50ml

制作方法

1 把巧克力和生奶油放入耐热碗中，再把碗放进开水中使其中之物融化。

2 在烤好的馅饼皮上涂抹橙子果酱，把步骤1中的巧克力奶油倒在上面，再撒上开心果和橙子皮，放入冰箱2小时使其冷却。

White chocolate and framboise tart

白巧克力覆盆子馅饼

这款馅饼的特色是白巧克力下方涂抹的覆盆子酱。

材料 ⊙ 直径 16cm，1 个馅饼的量

可可粉馅饼皮（参照P10）·卷边型（参照P13）·烤好的馅饼皮…………1个
覆盆子果酱…………………………………………………2大匙
覆盆子 ……………………………………………………… 8颗
糖粉………………………………………………………适量
【白色巧克力奶油】
白色巧克力 …………………………………………………50g
生奶油 ……………………………………………………50ml

制作方法

1 把白巧克力和生奶油放入耐热碗中，再把碗放进开水中使其中之物融化。

2 在烤好的馅饼皮上涂抹覆盆子酱，把步骤1中的白色巧克力奶油倒在上面，摆放覆盆子，放入冰箱2小时。冷却后，撒上糖粉。

小贴士

白色巧克力和覆盆子是理想组合。如果没有覆盆子，可以用草莓和草莓酱来代替。

Pumpkin tart

南瓜馅饼

用在万圣节活动中的南瓜馅饼会更添节日气氛。

材料 ⊙ 直径 16cm，1 个馅饼的量

基本款水果馅饼皮（参照P8）………1个	【南瓜酱】
南瓜子……………………………适量	南瓜…………………250g（净重150g）
	A 生奶油………………………50ml
	绵砂糖…………………………1 大匙

制作方法

1　南瓜去瓤后，用保鲜膜包裹，在微波炉中加热6分钟。用勺子去皮后放入碗中，加入材料*A*后捣碎拌均匀。

2　在馅饼皮中央添加步骤*1*中做好的南瓜酱，将馅饼皮从边缘朝内侧折叠，包裹。再撒上南瓜子。

3　将步骤*2*的完成品放在烤盘上，在180℃的烤箱中烤30分钟。

> **小贴士**
>
> 提前用微波炉加工好南瓜。南瓜不要完全捣碎，这样节省时间，而且口感更好。

Sweet potato tart

红薯馅饼

秋天的专属，享受红薯的香甜口感。

材料 ⊙ 直径 16cm，1 个馅饼的量

基本款水果馅饼皮（参照P8）……………………………………1个	
蜂蜜……………………………………………………………2大匙	

【红薯酱】

红薯………………………………………………………1个（300g）	
生奶油……………………………………………………………50ml	
绵砂糖……………………………………………………………1大匙	

制作方法

1　将一半带皮红薯，切成7~8mm厚的圆片后，水洗，擦干。接着放入耐热碗中，裹上保鲜膜，在微波炉中加热4分钟，制成红薯片待用。剩下的一半红薯去皮，同样切成7~8mm厚的圆片，水洗，擦干，放入耐热碗中，裹上保鲜膜，在微波炉中加热4分钟后捣碎，加入生奶油、绵砂糖后搅拌均匀，制成红薯酱。

2　在馅饼皮中央涂抹步骤*1*中做成的红薯酱，再摆上步骤*1*中的红薯片，将馅饼皮从边缘朝内侧折叠包裹。

3　将步骤*2*的完成品放在烤盘上，在180℃的烤箱中烤30分钟后，表面刷上蜂蜜。

> **小贴士**
>
> 和南瓜一样，红薯不用完全捣碎。

Pecan tart

碧根果馅饼

感受碧根果清脆的口感。

材料 ⊙ 直径 16cm，1 个馅饼的量

基本款水果馅饼皮（参照P8）·····································1个
杏仁黄油（参照P14）····································· 100g
碧根果 ···20个

制作方法

1　在馅饼皮的中央涂抹杏仁黄油。

2　在上方摆放碧根果，将馅饼皮从边缘朝内侧方向折叠包裹。

3　将步骤2中的完成品放在烤盘上，在180℃的烤箱中烤30分钟。

Amandine

杏仁馅饼

建议多使用杏仁。

材料 ⊙ 直径 16cm，1 个馅饼的量

基本款水果馅饼皮（参照P8）·····································1个
杏仁黄油（参照P14）····································· 100g
杏仁片 ··· 20g
杏子酱（可选用）·····································1大匙

制作方法

1　可以先在馅饼皮中央涂抹杏子酱，再涂杏仁黄油。

2　在步骤1的基础上，摆放杏仁片，将馅饼皮朝内侧方向折叠包裹。

3　将步骤2中的完成品放在烤盘上，在180℃的烤箱中烤30分钟。

小贴士

参照照片，杏仁可以多放几层，摆放好。

Sesame and soybean flour tart

芝麻黄豆面馅饼

芝麻和黄豆面相得益彰，制作出具有日式风格的馅饼。

材料 ⊙ 直径 16cm，1 个馅饼的量

芝麻馅饼皮（参照P10）············1个	【芝麻杏仁黄油】
炒芝麻（白）·················1/2小匙	杏仁黄油（参照P14）·········100g
黄豆面（装饰用）·············1大匙	A 芝麻酱（白）···············1大匙
马斯卡彭芝士 ·················适量	黄豆面·····················1大匙

制作方法

1 在碗中放入材料A，用橡胶铲充分搅拌。

2 将步骤1中做成的芝麻杏仁黄油在芝麻馅饼皮中央抹开。

3 在步骤2的完成品上撒上芝麻，将馅饼皮从边缘向中间折叠包裹。

4 把步骤3的完成品放在烤盘上，在180℃的烤箱中烤30分钟。
   晾到可以用手摸的温度后，撒上装饰用的黄豆面和马斯卡彭芝士。

> **小贴士**
>
> 在制作芝麻杏仁黄油时，如果没有芝麻酱，可以用芝麻末（白）来代替。

Green tea and adzuki beans tart

抹茶红豆馅饼

绿色抹茶馅饼皮包裹着红豆，是美妙味道的关键。

材料 ⊙ 直径 16cm，1 个馅饼的量

抹茶馅饼皮（参照P10）············1个	【抹茶杏仁黄油】
红豆馅····················· 50g	A 杏仁黄油（参照P14）·········100g
抹茶粉（装饰用）·············1大匙	抹茶粉·····················1/2小匙
马斯卡彭芝士 ·················适量	

制作方法

1 在碗中加入材料A，用橡胶铲搅拌。

2 在抹茶馅饼皮中央放上红豆馅，加上步骤1中完成的抹茶杏仁黄油，将馅饼皮从边缘向内侧折叠包裹。

3 将步骤2中的完成品放入烤盘，在180℃的烤箱中烤30分钟。晾到不烫手的温度后，撒上装饰用的抹茶粉和马斯卡彭芝士。

> **小贴士**
>
> 请不要选择饮用的抹茶粉，而要选择做点心用的抹茶粉。因为点心用抹茶粉颗粒细腻，不结块，易融合。

好吃的馅饼当然
也要拍得好看

想把做好的馅饼上传到网上。
推荐以下拍照方法，可以使您的馅饼看起来更加诱人。

改变拍摄
角度

切开，拍摄
侧面

专业级手机
拍摄

俯视拍摄法，一般菜谱都采用此方法。

从斜上方角度拍摄，构图比例协调，能拍摄出静谧的效果。

拉近镜头拍摄时，虚化后方背景，增加立体感，提升照片意境。

切开一角，拍摄切开面，直接表现馅饼的美味。

本书采用手机摄影。对比修图后的手机拍摄照片和单反拍摄照片，您会发现自然光+修图也可以拍摄出很美的图片。所以，用手机也可以拍摄出让专业人士甘拜下风的照片。

▼无修图

 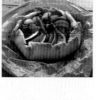

▼修图后

▼单反拍摄

（标准镜头拍摄）　（标准镜头拍摄）　（单反长镜头拍摄）

即使本书中用单反（专业级）相机拍摄照片时，也很注重照明。而且，使用长镜头，可以靠近拍摄对象进行拍摄，这样照片的后背景就会虚化，使照片显得很有意境。

Tartes Salees

蔬菜馅饼

可以作为主食，也可以作为下酒菜。

根据自己的喜好，随意添加配菜。

Colorful vegetables tart

五彩斑斓蔬菜馅饼

用各色蔬菜做成的馅饼，更适合聚会中食用。

材料 ⊙ 直径 16cm，1 个馅饼的量

基本款蔬菜馅饼皮（参照P9）	1个
蔬菜馅饼用杏仁黄油（参照P14）	75g
比萨用芝士	30g
西葫芦	1/4个
辣椒（红、黄）	各1/4个
红洋葱	1/4个
芦笋	2根
盐	少量

制作方法

1　将西葫芦切成1cm厚的半月形。辣椒去籽，切成2~3cm大小的四方块。洋葱剥皮后，切成1cm宽的竖条形。削掉芦笋根部坚硬部分的皮后，按照5cm的长度切开（梢头可以稍长，切成6~7cm）。

2　在馅饼皮中央先抹蔬菜馅饼用杏仁黄油，再抹比萨用芝士（图 *a*），将步骤*1*中的蔬菜盖在上面，撒盐（图 *b*），将馅饼皮朝内折叠包裹。

3　将步骤*2*的完成品放在烤盘上，在180℃的烤箱中烤30分钟。

小贴士

除上述蔬菜外，还可以加胡萝卜、白洋葱、扁豆等。

a

b

Beets, pumpkin and carrot tart

甜菜头南瓜胡萝卜什锦馅饼

松软的甜菜头，营养丰富的什锦馅饼。

材料 ⊙ 直径 16cm，1 个馅饼的量

基本款蔬菜馅饼皮（参照P9）·················	1个
甜菜头（罐头）·························	50g
南瓜··································	150g
胡萝卜································	1/4根
盐··································	少许

【芝士奶油】

A	芝士（在室温下软化）·············	60g
	蛋黄·······················	1个
	盐·························	1/4小匙

制作方法

1 南瓜去瓤，用保鲜膜包裹，在微波炉里加热3分钟，切块。胡萝卜去皮，切成5mm厚的半月形。甜菜头用纸巾吸去汁液，滚刀切块。

2 碗里放入**A**，用橡胶铲充分搅拌。

3 在馅饼皮的中央抹上步骤**2**中的芝士奶油（图**a**），将步骤**1**中的南瓜、胡萝卜、被吸过汁液的甜菜头摆放后撒盐（图**b**）。将馅饼皮朝内侧折叠包裹。

4 将步骤**3**的完成品放在烤盘上，在180℃的烤箱中烤30分钟。

小贴士

胡萝卜在芝士奶油周围就像围栏一样竖着围成圈摆放，可以防止上层摆放的蔬菜滑落下来。

a

b

Avocado and smoked salmon cheese tart

牛油果三文鱼芝士馅饼

新鲜的食材，摆放美观，具备甜点的华美。

材料 ⊙ 直径 16cm，1 个馅饼的量

基础款蔬菜馅饼皮（参照P9）·卷边型（参照P13）·
烤好的馅饼皮 1个
牛油果 1/2个
熏制三文鱼 80g
红胡椒（可有选用） ....适量
【芝士奶油】

A
芝士 70g
生奶油 30g
盐 1/4小匙

制作方法

1　在碗中放入A后，用橡胶铲充分搅拌。

2　牛油果竖着切半，去皮和籽后，切成5mm厚的片。熏制三文鱼切成方
便食用的大小。

3　在提前烤好的馅饼皮上抹上步骤1中的芝士奶油（图a）。

4　在步骤3的基础上，交互摆放牛油果和三文鱼（图b），撒上红胡椒。

Tomato, mozzarella cheese and basil tart

圣女果紫苏芝士馅饼

做出和比萨一样的风味关键在于杏仁黄油。

材料 ⊙ 直径 16cm，1 个馅饼的量

基本款蔬菜馅饼皮（参照P9）·卷边型（参照P13）	1个
蔬菜馅饼用杏仁黄油（参照P14）	75g
圣女果（红、黄）	各2个
马苏里拉芝士	60g
紫苏叶	7~8片
【番茄酱】	
番茄（罐头）	100g
蒜（切末）	1小匙
盐	1/4小匙
橄榄油	1大匙

制作方法

1　平底锅里添加橄榄油，加热。放入蒜末炒出香味。倒入番茄（罐头）和盐，煮3分钟后冷却。将马苏里拉芝士用手掰成块。圣女果摘除蒂后，切半。

2　在馅饼皮上涂抹蔬菜馅饼用杏仁黄油，在180℃的烤箱中烤20分钟。

3　在步骤2完成的馅饼皮上放上番茄酱（图 *a*），再放上马苏里拉芝士和圣女果（图 *b*）。

4　将步骤3的完成品放在烤盘上，放入180℃烤箱再烤10分钟。等晾到不再烫手的温度时放上紫苏叶。

a

b

Meat tart

肉馅饼

馅饼皮中间放上肉馅，可谓是待客佳品。

材料 ⊙ 直径 16cm，1 个馅饼的料量

基本款蔬菜馅饼皮（参照P9）⋯⋯⋯⋯⋯⋯⋯⋯⋯⋯⋯⋯⋯	1个
洋葱⋯⋯⋯⋯⋯⋯⋯⋯⋯⋯⋯⋯⋯⋯⋯⋯⋯⋯⋯⋯⋯⋯⋯⋯	1/4个
蘑菇⋯⋯⋯⋯⋯⋯⋯⋯⋯⋯⋯⋯⋯⋯⋯⋯⋯⋯⋯⋯⋯⋯⋯⋯	3个
盐⋯⋯⋯⋯⋯⋯⋯⋯⋯⋯⋯⋯⋯⋯⋯⋯⋯⋯⋯⋯⋯⋯⋯⋯⋯	1/4小匙
橄榄油⋯⋯⋯⋯⋯⋯⋯⋯⋯⋯⋯⋯⋯⋯⋯⋯⋯⋯⋯⋯⋯⋯⋯	1大匙

	牛肉、猪肉混合绞肉⋯⋯⋯⋯⋯⋯⋯⋯⋯⋯⋯	150g
A	鸡蛋⋯⋯⋯⋯⋯⋯⋯⋯⋯⋯⋯⋯⋯⋯⋯⋯⋯⋯	1/2个
	盐⋯⋯⋯⋯⋯⋯⋯⋯⋯⋯⋯⋯⋯⋯⋯⋯⋯⋯⋯	1/4小匙

月桂叶⋯⋯⋯⋯⋯⋯⋯⋯⋯⋯⋯⋯⋯⋯⋯⋯⋯⋯⋯⋯⋯⋯⋯	1片
百里香草⋯⋯⋯⋯⋯⋯⋯⋯⋯⋯⋯⋯⋯⋯⋯⋯⋯⋯⋯⋯⋯⋯	2枝
丁香粉（可选用）⋯⋯⋯⋯⋯⋯⋯⋯⋯⋯⋯⋯⋯⋯⋯⋯⋯⋯	少量

制作方法

1　洋葱和蘑菇切末。平底锅里加入橄榄油后加热，再倒入洋葱、蘑菇、盐。

2　炒至松软后冷却（图 *a*），在碗里倒入步骤*1*中的完成品和材料 *A*一起充分搅拌。

3　在馅饼皮中央放上步骤*2*的完成品（图 *b*），放上月桂叶和百里香草后，将馅饼皮朝内侧折叠包裹。也可以撒点丁香粉。

4　将步骤*3*中的完成品放在烤盘上，在180℃的烤箱中烘烤30分钟。

a

b

Red cabbage and tuna tart

紫甘蓝金枪鱼罐头馅饼

烤制紫甘蓝的香味和金枪鱼罐头是绝配。

材料 ⊙ 直径 16cm，1 个馅饼的量

基本款蔬菜馅饼皮（参照P9）···1个
蔬菜馅饼用杏仁黄油（参照 P14）··75g
紫甘蓝 ···80g
A　醋 ···1/2 大匙
　　盐 ···1/4 小匙
金枪鱼罐头 ···1罐（70g）
蛋黄酱 ··1大匙
红胡椒（可选用）···适量

制作方法

1　紫甘蓝切丝后装入保鲜袋，加入材料*A*后，用手揉拌。10分钟后，去除水分。

2　金枪鱼罐头去除汤汁，加入蛋黄酱后搅拌。

3　在馅饼皮中央放上蔬菜馅饼用杏仁黄油和步骤*2*中的金枪鱼（图*a*），再放上步骤*1*中做好的紫甘蓝（图*b*），将馅饼皮朝内侧折叠包裹。

4　将步骤*3*的完成品放在烤盘上，放入180℃的烤箱中烤30分钟。也可以撒点红胡椒。

小贴士

加醋在给紫甘蓝提味的同时，可以使紫色更润泽。

a

b

Shrimp and coriander tart

虾仁香菜馅饼

这款馅饼是香菜爱好者的最爱！再加上丰满的虾仁，美妙无穷。

材料 ⊙ 直径 16cm，1 个馅饼的量

基本款蔬菜馅饼皮（参照P9）··························	1个
虾··························	12只
蒜（切末）··························	1小匙
葱··························	1/2根
A 生奶油··························	1大匙
淀粉··························	1大匙
香菜··························	适量

制作方法

1　虾剥皮去掉虾线，取出一半虾用刀拍打后切碎。葱和香菜茎杆切末，香菜叶切成大块。

2　碗里放入切碎的虾仁、蒜、葱、香菜杆。倒入 *A* 后充分搅拌。

3　在馅饼皮中央放上步骤*2*的完成品（图 *a*），剩下的虾仁放在上面（图 *b*），将馅饼皮朝内侧折叠包裹。

4　将步骤*3*的完成品放在烤盘上，放入180℃的烤箱中烤30分钟。晾到不烫手的温度后，撒上香菜叶。

小贴士

虾仁两用。一半剁成糊状，一半直接食用，可体验虾仁的不同口感和味道。

a

b

Salmon and green onion tart

三文鱼葱花馅饼

可以用于待客做下酒菜。

材料 ⊙ 直径 16cm，1 个馅饼的量

基本款蔬菜馅饼皮（参照P9）	1个
三文鱼（做生鱼片用）	100g
青葱	25g
鱼子、小茴香（可选用）	适量
【白酱】	
黄油	10g
低筋粉	1大匙
牛奶	100ml
盐、胡椒	少许

制作方法

1 制作白酱。锅里加入黄油文火加热，熔化后，持续加热，边用筛子筛入低筋粉边搅拌。等加热至咕嘟咕嘟时，在搅拌的同时加入牛奶。煮开后关火。撒盐、胡椒调味，冷却（图 *a*）。

2 三文鱼斜刀切片。盐、胡椒各放少量。青葱切成葱花。

3 在馅饼皮涂上步骤**1**中的白酱（图 *b*），将步骤**2**中的青葱、三文鱼依次摆放（图 *c*），将馅饼皮朝内侧折叠包裹。

4 将步骤**3**的完成品放在烤盘上，在180℃的烤箱中烤30分钟。晾到不烫手的温度时，放鱼子和小茴香。

小贴士

白酱冷却后会变硬，凝固后更容易涂抹。

Paprika and tomato tart

辣椒番茄馅饼

黄椒、红椒、青椒,三色汇聚,鲜艳可口。

材料⊙ 直径 10cm,2 个馅饼的量

基本款蔬菜馅饼皮(参照P9)··········1个	【番茄酱】
蔬菜馅饼用杏仁黄油(参照P14)·····75g	番茄(罐头)·····················100g
辣椒(红、黄)·····················各1/4个	蒜(切末)······················1小匙
青椒·····························1/2个	盐·····························1/4小匙
	橄榄油···························1大匙

制作方法

1 平底锅中倒入橄榄油加热,倒入蒜炒出香味。加入番茄,煮3分钟后关火冷却。
辣椒去籽,切成1cm宽的竖条。

2 将馅饼皮切半,各自放在烤盘纸上,用擀面杖擀成两个直径16cm大小馅饼皮。
中央涂上蔬菜馅饼用杏仁黄油,步骤1中的番茄酱加一半,红椒、黄椒、青椒
分别各放一半,将馅饼皮朝内侧方向折叠包裹。

3 将步骤2中的完成品放在烤盘上,放入180℃的烤箱中烤20分钟。

Petit tomato quiche

圣女果蛋奶馅饼

多种圣女果,配料丰盛。

材料⊙ 直径 10cm,2 个馅饼的量

基本款蔬菜馅饼皮(参照P9)········ 1个	调制奶油(参照P14)·················1份
圣女果 ·························· 12个	(鸡蛋1/2个,生奶油50ml,盐少许)
	比萨用芝士·······················20g
	百里香草·························2~3枝

制作方法

1 圣女果去蒂,横向切半。

2 将馅饼皮切半,各自放在烤盘纸上,用擀面杖擀成两个直径为16cm大小的馅饼
皮。各自中央涂上一半的比萨用芝士和圣女果,将馅饼皮朝内侧折叠包裹。

3 将步骤2的完成品放入烤盘中,调制奶油分半,分别倒入。
加上百里香草,放入180℃的烤箱中烤20分钟。

> **小贴士**
> 基本馅饼皮切半后,
> 变成 10cm 大小,刚好
> 是一个人的量。

Ratatouille tart

杂菜馅饼

剩余的菜，用馅饼皮包裹，经过烘烤后，变成好吃的杂菜馅饼。

材料 ⊙ 直径 16cm，1 个馅饼的量

基本款蔬菜馅饼皮（参照P9）	1个	辣椒（红、黄）	各1/4个
百里香草（可选用）	3枚	洋葱	1/4个
【杂菜】（适量）		盐	1/2小匙
茄子	1个	A 白葡萄酒	50ml
西葫芦	1/2个	番茄（罐头）	100g
		橄榄油	1大匙

制作方法

1 茄子、西葫芦切成1cm厚的半月形。辣椒切成2~3cm小块，洋葱切薄片。

2 制作杂菜。锅内倒入橄榄油加热，加入洋葱用中火炒至变软，再放西葫芦、辣椒后加盐，炒至变软。加入*A*后煮开。盖锅盖，文火煮15分钟后晾凉。

3 在馅饼皮中央放上步骤*2*的完成品，将馅饼皮朝内侧折叠包裹。

4 将步骤*3*的完成品放在烤盘上，在180℃的烤箱中烤30分钟。可以撒点百里香。

Chicken and mushroom tart

鸡肉蘑菇馅饼

用鸡肉丁和蘑菇做成奶油味的馅饼。

材料 ⊙ 直径 16cm，1 个馅饼的量

基本款蔬菜馅饼皮（参照P9）	1个	生奶油	2大匙
鸡腿肉	1/2个（150g）	盐	1/4 小匙
蘑菇	8个	胡椒	少许
黄油	10g	帕尔玛芝士（削成碎末）	1大匙
		芹菜（切末）	适量

制作方法

1 鸡肉除去多余脂肪，切成块。蘑菇去根，切成5mm厚的薄片。

2 平底锅加入黄油后加热，将步骤*1*的鸡肉倒入炒至变色。放入蘑菇，炒至变软后加入生奶油、盐、胡椒。炒至水干变黏稠后，关火，晾凉。

3 在馅饼皮的中央放上步骤*2*的完成品后，将馅饼皮朝内侧折叠包裹。

4 将步骤*3*的完成品放在烤盘上，放入180℃的烤箱中烤30分钟。晾到不烫手的温度时，撒上帕尔玛芝士末和芹菜末。

小贴士

将鸡肉炒至黏稠，比较容易放在馅饼皮上。所以加入生奶油后，尽量让水分散发。

Spinach and bacon quiche

菠菜培根蛋奶馅饼

很难做的蛋奶馅饼也可以不使用模子就做成。

材料 ⊙ 直径 16cm，1 个馅饼的量

基本款蔬菜馅饼皮（参照P9）………1个	调制奶油（参照P14）……………………1个
培根（块状）……………………80g	（鸡蛋1/2个，生奶油 50ml，盐少许）
菠菜……………………适量	比萨用芝士………………………10g

制作方法

1 培根切成1~2cm小块。菠菜适量，放热水中加盐烫2分钟，过冷水，吸掉水分，切成5cm长。

2 在馅饼皮中央放上步骤1中的培根，再放上菠菜，将馅饼皮朝内侧折叠包裹。

3 将步骤2的完成品放在烤盘上，倒入自制奶油，放上比萨用芝士，放入180℃的烤箱中烤30分钟。

> **小贴士**
>
> 放在烤盘上后倒入自制奶油，不容易洒出。

Mixed beans and sausage quiche

什锦豆香肠蛋奶馅饼

准备简单，制作方便。

材料 ⊙ 直径 16cm，1 个馅饼的量

基本款蔬菜馅饼皮 ……………………1个	自制奶油（参照P14）……………………1个
香肠 ………………… 3根（90g）	（鸡蛋1/2个，生奶油50ml，盐少许）
什锦豆（水煮）……………………50g	比萨用芝士………………………10g
	百里香草（可选用）……………………2枝

制作方法

1 香肠斜切3等分。什锦豆用水冲后，除去水分。

2 在馅饼皮中央放上步骤1的香肠、什锦豆，将馅饼皮朝内侧折叠包裹。

3 将步骤2的完成品放在烤盘上，倒入自制奶油，再放上比萨用芝士，放入180℃的烤箱中烤30分钟。可以在上面放点百里香草。

> **小贴士**
>
> 将熏制香肠摆成圆圈形，放在馅饼皮中央，这样容易包裹。

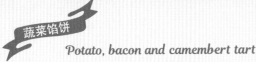

Potato, bacon and camembert tart

土豆培根卡门培尔芝士馅饼

一半土豆泥，一半土豆块，再加上卡门培尔芝士的香味，美味无穷。

材料 ☉ 直径 16cm，1 个馅饼的量

基本款蔬菜馅饼皮（参照P9）……1个	A 牛奶……………………………1大匙
土豆…………………1个（150g）	盐……………………………1/4小匙
	培根（片状）……………………30g
	卡门培尔芝士……………………50g
	迷迭香……………………………1枝

制作方法

1 土豆削皮，滚刀切成5mm厚，用水冲洗。擦干水后放入耐热碗里，裹上保鲜膜，在微波炉里加热4分钟。取出一半用木铲捣碎后，加入材料*A*一起搅拌。培根切成5mm宽。卡门培尔芝士切成6等分。

2 在馅饼皮中间摆放步骤*1*中的土豆、培根、卡门培尔芝士、迷迭香等，将馅饼皮朝内侧折叠包裹。

3 将步骤*2*的完成品放在烤盘上，放入180℃的烤箱中烤30分钟。

> **小贴士**
> 卡门培尔芝士稍切大点。切好后摆放整齐。

Eggplant and potato cream tart

茄子土豆泥馅饼

茄子烤成泥，和土豆泥共同食用，回味无穷。

材料 ☉ 直径 16cm，1 个馅饼的量

基本款蔬菜馅饼皮（参照P9）…………1个	盐、胡椒…………………………各少许
牛、猪肉的混合绞肉………………100g	橄榄油……………………………1大匙
盐……………………………1/4小匙	红辣椒粉、干荷兰芹末……………各少许
番茄酱……………………………1大匙	【土豆泥】
茄子………………………………1个	土豆……………………1个（150g）
	生奶油……………………………1大匙
	盐……………………………1/4小匙

制作方法

1 土豆削皮，滚刀切成5mm厚，用水冲洗。擦干水后放入耐热碗里，裹上保鲜膜，在微波炉里加热4分钟。用木铲捣碎，加生奶油、盐后搅拌。

2 将牛、猪肉的混合绞肉放入碗中，加盐充分搅拌。

3 茄子去蒂，竖着切成5mm厚的薄片。平底锅里倒入橄榄油加热后，放入茄子、盐、胡椒，炒至茄子两面都轻微上色。

4 在馅饼皮中间放上步骤*1*的土豆泥、步骤*2*的肉，再涂番茄酱，摆上步骤*3*的茄子后，将馅饼皮朝内折叠包裹。

5 将步骤*4*的完成品放在烤盘上，放入180℃的烤箱中烤30分钟。可以撒点红辣椒粉、干荷兰芹末。

Croque-monsieur tart

热土司三明治馅饼

用奶油色的白酱和火腿做成的馅饼，很适合作为早餐食用。

材料 ⊙ 直径 16cm，1 个馅饼的量

全麦粉馅饼皮（参照P10）…………1个		【白酱】	
火腿 ……………………………6片		黄油 …………………………10g	
黑胡椒 …………………………少许		低筋粉 …………………………1大匙	
芝士末 …………………………适量		牛奶 ………………………100ml	
		盐，胡椒 …………………各少量	

制作方法

1　制作白酱。锅里放入黄油，文火加热，待熔化后，一边用筛子筛入低筋粉一边搅拌，持续加热。等开始咕嘟咕嘟时，一边搅拌一边倒入牛奶。煮开后关火，用盐、胡椒调味，冷却。

2　在馅饼皮中央摆放3片火腿，涂抹步骤1的白酱。再放3片火腿，撒上黑胡椒，将馅饼皮朝内侧折叠包裹。

3　将步骤2的完成品放在烤盘上，放入180℃的烤箱中烤30分钟。等晾到不烫手时撒上芝士末。

> **小贴士**
>
> 推荐使用帕尔玛或者哥瑞纳 – 帕达诺芝士末。

Onion and olive tart

洋葱橄榄馅饼

法国地方菜。您可以在家做比萨风格的蔬菜馅饼。

材料 ⊙ 直径 16cm，1 个馅饼的量

基本款蔬菜馅饼皮（参照P9）…………1个		蒜（切末）…………………………1小匙	
蔬菜馅饼用杏仁黄油（参照P14）……75g		盐渍鳀鱼 …………………………1条	
洋葱 ……………………………1个		橄榄油 …………………………1大匙	
盐 …………………………1/4小匙		黑橄榄（去核）………………6个	
		迷迭香 …………………………1枝	

制作方法

1　洋葱切成薄片，加盐一起放入耐热碗中搅拌，裹上保鲜膜后在微波炉加热7分钟。

2　锅里倒入橄榄油加热，放入蒜、盐渍鳀鱼后炒出香味。再加入步骤1的洋葱炒至稍微上色，关火，冷却。

3　在馅饼皮中央涂抹蔬菜馅饼用杏仁黄油，放上步骤2中的食材，加上黑橄榄后将馅饼皮朝内侧折叠包裹，放上迷迭香。

4　将步骤3的完成品放在烤盘上，放入180℃的烤箱中烤30分钟。

> **小贴士**
>
> 因为洋葱在微波炉中加热，所以大大缩短了炒的时间。

Raw ham and blue cheese tart

生火腿蓝芝士馅饼

使用带有咸味的食材做成的馅饼是非常好的下酒菜。

材料 ⊙ 直径 16cm，1 个馅饼的量

基本款蔬菜馅饼皮（参照P9）·卷边型
（参照P13）·烤好的馅饼皮 ············1个
生火腿 ·····································50g
蜂蜜 ·····································1大匙

黑胡椒 ·····································少量
迷迭香 ·····································适量
【古贡佐拉奶油】
A 马斯卡彭芝士·····························70g
古贡佐拉芝士·····························30g

制作方法

1 碗中放入A，用橡胶铲搅拌。

2 在烤好的馅饼皮上放步骤1的古贡佐拉奶油。

3 在步骤2的完成品上放上生火腿，抹上蜂蜜，撒上
   黑胡椒、迷迭香。

小贴士

马斯卡彭芝士可以用奶油
芝士或者起泡生奶油代替。

Cauliflower and egg tart

菜花鸡蛋咖喱馅饼

香味浓郁的咖喱，配上菜花和鸡蛋的甜味，做出来的馅饼味道更醇厚。

材料 ⊙ 直径 16cm，1 个馅饼的量

基础款蔬菜馅饼皮（参照P9）········1个
菜花 ·····································100g
煮鸡蛋（煮老）·····························2个

A 蛋黄酱·····································2大匙
盐渍鳀鱼（切末）···············1条的量
咖喱粉·····································1/2小匙
咖喱粉·····································少许

制作方法

1 菜花掰成小块，放少量盐、醋，热水焯3分钟左右，捞出晾冷。

2 鸡蛋切碎放入碗中，加入材料A后搅拌。

3 在馅饼皮中央放上步骤2的完成品，再放上步骤1中的菜花，将馅饼皮朝内侧
   折叠包裹，撒上咖喱粉。

4 将步骤3的完成品放在烤盘上，放入180℃的烤箱中烤30分钟。

小贴士

菜花加醋水煮，
可以保证色泽。

*˙*蔬菜馅饼的搭配食用*˙*

蔬菜馅饼的搭配食用，体验西餐的风趣。

作为早餐，蔬菜馅饼配沙拉和水果，营养更均衡。

沙拉，浓汤。饱腹，满足。

午餐套餐

圣女果蛋奶馅饼（参照P64）
辣椒牛油果藜麦沙拉（见下页菜谱）
生菜
菜花汤

早餐套餐

辣椒番茄馅饼（参照P64）
嫩叶沙拉
甜菜头浓汤（见下页菜谱）
半熟鸡蛋
水果

味浓的馅饼，再配上红酒，是待客的佳品。

甜食套餐

苹果馅饼（参照P17）
洋梨馅饼（参照P27）
香蕉巧克力馅饼（参照P36）
马斯卡彭芝士、糖粉、开心果
装饰

几种甜馅饼同时享用，适合喜欢甜食的女性。

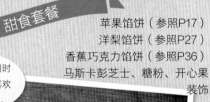

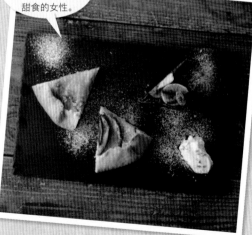

待客套餐

菠菜培根蛋奶馅饼（参照P69）
什锦豆香肠蛋奶馅饼（参照P69）
紫甘蓝沙拉（见下页食谱）
生火腿
红酒

✦ 配菜 ✦

在此介绍适用于套餐的简单配菜。

把古斯米换成藜麦
辣椒牛油果藜麦沙拉

● 材料（4人份）

辣椒（红、黄）·········· 各1/2个
牛油果 ·····························1个
藜麦 ·····························2大匙
　　橄榄油·····················2大匙
A　醋·························· 1 大匙
　　盐··························1/4小匙
　　胡椒 ························少许

● 制作方法

1 辣椒去籽，切成2cm的小块。牛油果去皮、去籽，切成一口大。藜麦在开水中煮10分钟，用小孔笊篱捞起。

2 碗中放入材料A和步骤1的藜麦搅拌。再加入步骤1中的蔬菜搅拌。

用营养丰富的甜菜头熬制的汤
甜菜头浓汤

● 材料（4人份）

甜菜头（罐头、切片）······200g
洋葱 ··························· 1/2个
橄榄油 ························· 1大匙
　　水 ·····················200ml
A　鸡精（颗粒）···········1小匙
　　盐 ·····················1/4 小匙
盐 ·····························1/4 小匙
黑胡椒 ·························少许

● 制作方法

1 甜菜头去汁，洋葱切薄片。

2 锅里放入橄榄油加热，将步骤1中的洋葱入锅翻炒。待洋葱变软后放入甜菜头炒至油完全被吸收，加入材料A煮开，盖上锅盖，文火煮10分钟。

3 等步骤2中的完成品晾至不烫手的温度后，倒入榨汁机中搅拌至光滑，再次倒入锅中加热后，撒入盐和黑胡椒调味。

鲜艳的紫
紫甘蓝沙拉

● 材料（4人份）

紫甘蓝 ························· 100g
红洋葱 ·························1/4个
甜菜头（罐头、切片）·······50g
黑橄榄（去核）··············4个
　　橄榄油·····················2大匙
　　醋·························· 1大匙
A　芥末粒····················1小匙
　　蜂蜜·······················1小匙
　　盐·························1/4小匙

● 制作方法

1 紫甘蓝切成大块，红洋葱切薄片，过水后吸去水分。甜菜头去汁液，滚刀切。黑橄榄切成圆片。

2 碗中放入A充分搅拌，再加步骤1中的食材后调拌。

✦ 搭配馅饼的饮品 ✦

这些饮品和馅饼是绝配！

红茶

红茶可以配水果馅饼，也可以配蔬菜馅饼。可根据自己的喜好搭配。

咖啡

咖啡最配水果馅饼。因为水果馅饼有甜味，推荐配用微甜的或黑咖啡。

葡萄酒

蔬菜馅饼作为晚餐的下酒菜，最配的酒还是葡萄酒。

★★★

餐具篇

因为馅饼的造型追求随意，所以要选择与其相般配的餐具。
除本书中使用的餐具外，再次介绍其他风格的餐具。

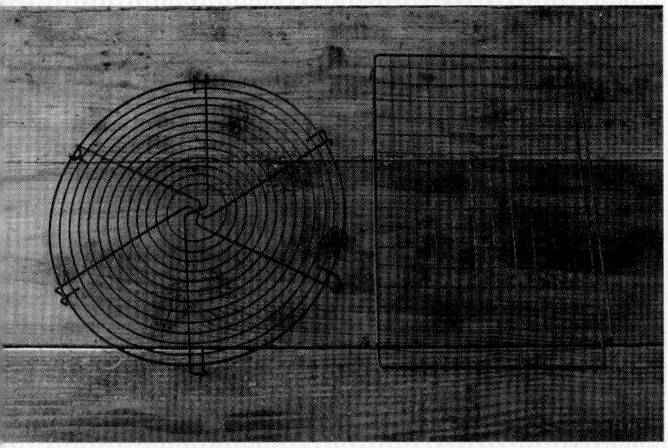

晾晒架

点心制作中必不可少的工具。用晾晒架把点心直接放在上面端上饭桌，也很美。圆形和方形两种最实用，最好这两种都准备上。

古风碟子

可以准备一些风格古朴的碟子。它们的适用面很广。

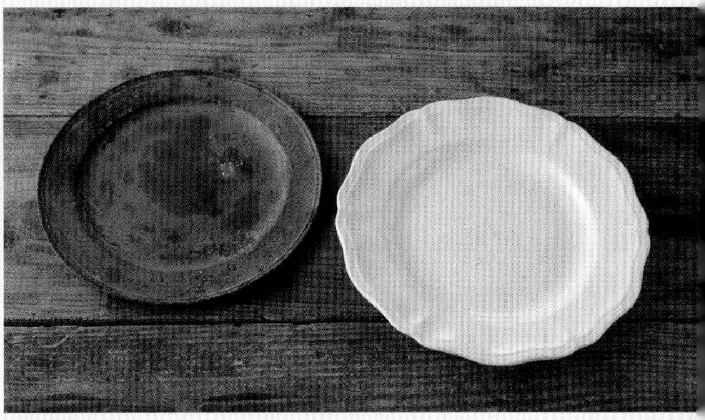

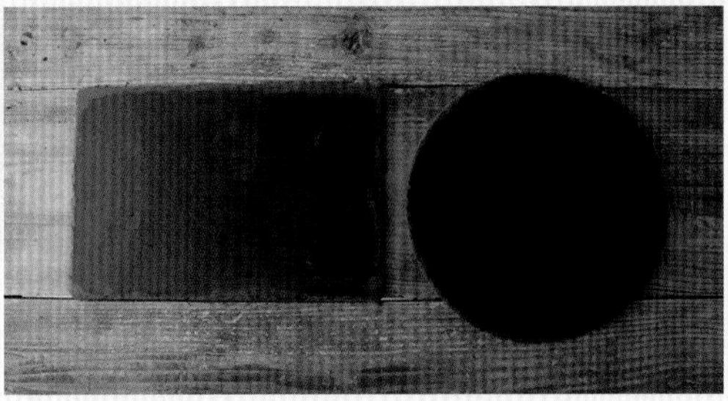

石板

天然石本身所具有的黑色优雅，再盛上美食，整体显得更有品位。

案板

可以用来放置或者切食材，多用的案板也可以当作餐盘用。推荐使用黑色。

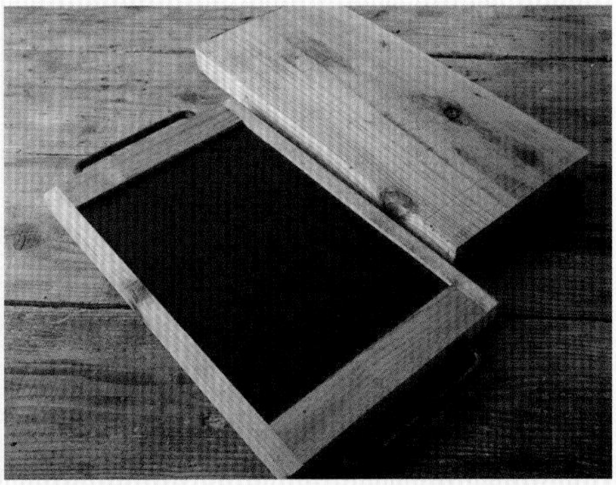

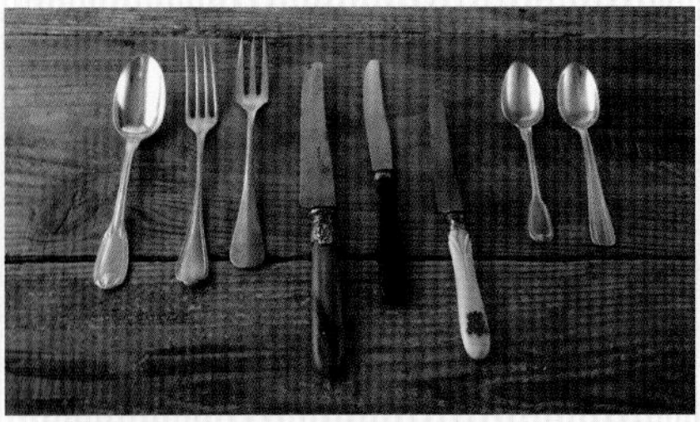

道具（叉子和刀子）

画面中如果仅是食物，缺少生活趣味，若旁边摆上刀子和叉子，整体构图会显得更协调。

★ 携带和伴手礼的包装 ★

不太方便携带的水果馅饼，或者是已经切开的馅饼，可以放在底层铺烤箱纸的浅盒子里（点心材料铺就可以买到）。这样在携带途中就不会变形。

◢ 烤箱纸

烤箱纸可以用来铺，也可以用来包裹食物。其特点是耐水、耐湿性能都很好，是制作无模方便馅饼的必备工具。

烤馅饼用蜡纸或烤箱纸包裹，用胶带或者绳子捆绑，这样方便打包携带。

◢ 活动或家庭聚会的美食

活动或家族聚会时，可以准备多种馅饼放在果盘，或者是碟子里，摆上主餐桌。随意的风格再配上鲜花，装点一些绿色，尽享华美。

开始一场简单又不失精致的聚餐……